雷电防护知识读本

重庆市防雷中心 编

图书在版编目（CIP）数据

雷电防护知识读本 / 重庆市防雷中心编. --北京：气象出版社，2018.12（2019.10重印）

ISBN 978-7-5029-6898-4

Ⅰ.①雷… Ⅱ.①重… Ⅲ.①防雷–普及读物 Ⅳ.①P427.32-49

中国版本图书馆CIP数据核字（2018）第287822号

Leidian Fanghu Zhishi Duben
雷电防护知识读本

出版发行：气象出版社
地　　址：北京市海淀区中关村南大街46号　　邮政编码：100081
电　　话：010-68407112（总编室）　010-68408042（发行部）
网　　址：http://www.qxcbs.com　　E-mail：qxcbs@cma.gov.cn
责任编辑：邵　华　　　　　　　　　终　审：张　斌
封面设计：阳光图文工作室　　　　　责任技编：赵相宁
印　　刷：北京地大彩印有限公司
开　　本：787 mm×1092 mm 1/32　　印　张：2
字　　数：52千字
版　　次：2018年12月第2版　　　　印　次：2019年10月第2次印刷
定　　价：10.00元

本书如存在文字不清、漏印以及缺页、倒页、脱页等，
请与本社发行部联系调换

前　言

雷电是自然界最为壮观的大气现象之一，其强大的电流、灸热的高温、猛烈的冲击波以及强烈的电磁辐射等物理效应能够在瞬间产生巨大的破坏作用，常常导致人员伤亡，击毁建筑物、供配电系统、通信设备，造成计算机信息系统中断，引起森林火灾，仓库、炼油厂、油田等燃烧甚至爆炸，威胁人们的生命和财产安全。

重庆的雷电灾害具有发生频率高、范围广、危害严重、社会影响大等特点，其主要原因：一方面，由于气候背景的特殊性、丘陵地带的地形抬升、下垫面水汽充分、空气中细微的带电粒子丰富，造成重庆地区雷电放电频率高、强度大；另一方面，重庆是西部大开发的重要战略支点，处于"一带一路"和长江经济带的联结点，正在努力实现"两地""两高"目标，经济社会快速发展，高层建筑、易燃易爆场所、电子设备不断增加，使需要雷电防护的对象不断增加。

雷电虽然无情，人类却防之有术。自从18世纪中叶富兰克林通过实验建立了雷电学说并发明了避雷针以来，人类一直在探索着雷电的奥秘和防雷避险的方法。为进一步普及防雷减灾知识，重庆市防雷中心组织专家编写了本书，旨在向广大读者介绍雷电的基本知识和防雷避险的常用方法，尤其是个人防雷避险的方法，以期能为人们在雷雨季节从容应对雷电和实施自救、互救起到一些指导作用。

重庆市防雷中心
二〇一八年十一月

目 录

前言

1 雷电基本知识 … 1
1.1 雷电是什么 … 2
1.2 雷电的主要特点 … 3
1.3 雷击的形式 … 4
1.4 易被雷电袭击的对象 … 5

2 雷电预警信号 … 7
2.1 雷电预警信号 … 9
2.2 自我预估雷电是否来临 … 10

3 防雷基本技术 … 13

4 个人防雷常识 … 17
4.1 个人防雷基本原则 … 18
4.2 户外防雷须知 … 19
4.3 室内防雷要领 … 23

5 电气和电子设备防雷要点 ········ 25
- 5.1 建筑物防雷措施·················· 26
- 5.2 电气、电子设备防雷措施·········· 27
- 5.3 查一查您的住宅能否防雷·········· 30

6 雷击急救方法 ················ 31
- 6.1 雷击对人体的伤害················ 32
- 6.2 雷击电灼伤及其急救处理·········· 32
- 6.3 "假死"和人工呼吸··············· 33
- 6.4 "120"拨打方法 ················ 36
- 6.5 雷击引起电器火灾怎么办·········· 36

附录A　防雷相关法律法规及文件······ 37

附录B　2008—2017年重庆市雷暴
　　　 分布图 ···················· 49

附录C　重庆市近年部分雷击灾害
　　　 事故 ······················· 50

1 雷电基本知识

1.1 雷电是什么

雷电（闪电）是大气中发生的剧烈放电现象，通常在雷雨云（积雨云）情况下出现。闪电按其发生的位置可分为云内闪电、云际闪电和云地闪电，其中云地闪电又称为地闪，对人类活动和生命安全有较大威胁。雷雨云放电时会产生大量的热量，使周围空气急剧膨胀，形成隆隆雷声。

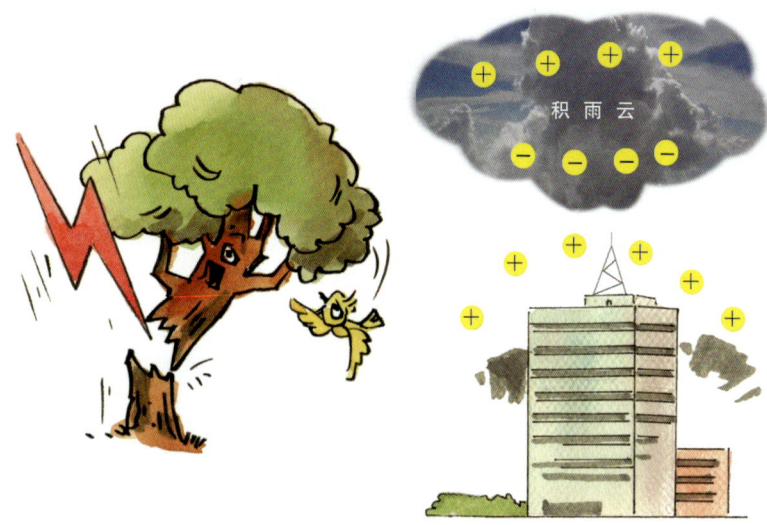

1 雷电基本知识

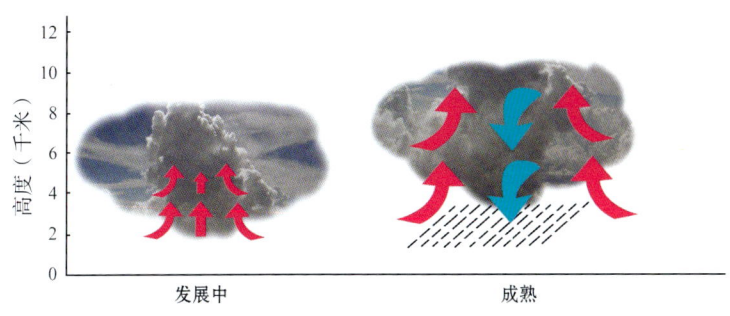

发展中　　　　　　　成熟

在电闪雷鸣的时候,由于雷电释放的能量巨大,再加上强烈的雷击电磁脉冲、剧变的电磁场和强烈的电磁辐射,常常造成人畜伤亡、建筑物损毁,电力、通信和计算机系统的瘫痪,引发火灾或爆炸事故,给国民经济和人民生命财产带来巨大的损失。在20世纪末联合国组织的"国际减灾十年"活动中,雷电灾害被列为最严重的十大自然灾害之一。

1.2 雷电的主要特点

(1)放电时间短,一般约50～100微秒(1微秒=10^{-6}秒)。

(2)放电电流大,其电流可高达几万到几十万安培。

(3)放电电压高,强大的电流产生的交变磁场,其感应电压可高达数十万伏。

(4)释放热能大,瞬间能使局部空气温度升高至数万摄氏度。

（5）产生冲击压力大，空气的压强可高达几十个大气压。因此，雷电极具破坏力。

1.3 雷击的形式

雷击一般有直接雷击和间接雷击两种形式。

◆ 直接雷击（包括雷电直击、雷电侧击）：在雷电活动区内，雷电直接通过人体、建筑物、设备等对地放电产生的电击现象。

◆ 间接雷击：所谓间接雷击主要是指因闪电电磁感应作用，以闪电电涌侵入、辐射电磁场、反击等造成建筑物、设备损坏或人身伤亡的电击现象。

闪电电涌侵入是指雷击发生时，由于雷电对架空线路、电缆线路或金属管道的作用，雷电波，即闪电电涌沿着这些管线侵入屋内，危及人身安全或损坏设备。

雷电反击是指直击雷防护装置(如避雷针)在引导强大的雷电流流入大地的过程中，其引下线、接地体以及与

1 雷电基本知识

它们相连接的金属导体上会产生非常高的电压,对周围与它们邻近却又没与它们连接的金属物体、设备、线路、人体之间产生巨大的电位差,这个电位差会引起闪络。

1.4 易被雷电袭击的对象

雷电"喜爱"在尖端放电,所以在雷雨交加时,人在旷野上行走,或扛着铁制农具,或骑在摩托车上,或举起高尔夫球杆,或在电线杆、大树下躲雨,人或物体容易成为放电的对象而招来雷击。建筑物的顶端或棱角处,也很容易遭受雷击;此外,金属物体和管线都可能成为雷电的最好通路。因此,了解这些规律对预防雷击有很重要的意义。

易遭受雷击的地点

◆ 水面和水陆交界地区以及特别潮湿的地带,如河床、盐场、苇塘、湖沼、低洼地区和地下水位高的地方;

◆ 土壤电阻率较小的地方,如有金属矿床的地区、河岸、地下水出口处和金属管线集中的交叉地点、铁路集中的枢纽、铁路

终端和高架输电线路的拐角处;

◆ 土壤中电阻率不连续的地点,比如岩石和土壤的交界处、岩石断层处、较大的岩体裂缝、露出地面的岩层、河沿以及埋入地下的管道的地面出口处等等;

◆ 地势较高和旷野地区。

 易遭受雷击的建筑物和物体

◆ 高耸突出的建筑物,如水塔、电视塔、高耸的广告牌等;

◆ 排出导电尘埃、废气、热气的厂房、管道等;

◆ 内部有大量金属设备的厂房;

◆ 孤立、突出在旷野的建筑物以及树木;

◆ 电视机天线和屋顶上的各种金属突出物,如旗杆等;

◆ 建筑物屋面的突出部位和物体,如烟囱、管道、太阳能热水器,还有屋脊和檐角等。

2 雷电预警信号

夏秋季节，出现恶劣天气时，往往有雷电发生。人们可以通过电视、广播、互联网、手机终端等媒体，或者城区的预警信号电子显示屏得到气象部门发布的雷电预警信息，并注意及时采取相应的防范措施。

电视

广播

互联网

2.1 雷电预警信号

雷电预警信号共分为黄色、橙色、红色三个等级，逐级增强。

雷电黄色预警信号

图标：

6小时内可能发生雷电活动，可能会造成雷电灾害事故，政府及相关部门按照职责做好防雷工作；密切关注天气，尽量避免户外活动。

雷电橙色预警信号

图标：

2小时内发生雷电活动的可能性很大，或者已经受雷电活动影响，且可能持续，出现雷电灾害事故的可能性比较大。政府及相关部门按照职责落实防雷应急措施；人员应当留在室内，并关好门窗；户外人员应当躲入有防雷设施的建筑物或者汽车内；切断危险电源，不要在树下、电线杆下、塔吊下避雨；在空旷场地不要打伞，不要把农具、羽毛球拍、高尔夫球杆等扛在肩上。

雷电红色预警信号

图标：

2小时内发生雷电活动的可能性非常大，或者已经有强烈的雷电活动发生，且可能持续，出现雷电灾害事故的可能性非常大。政府及相关部门按照职责做好防雷应急抢险工作；人员应当尽量躲入有防雷设施的建筑物或者汽车内，并关好门窗；切勿接触天线、水管、铁丝网、金属门窗、建筑物外墙，远离电线等带电设备和其他类似金属装置；尽量不要使用无防雷装置或者防雷装置不完备的电视、电话等电器；密切注意雷电预警信息的发布。

2.2 自我预估雷电是否来临

在认真收听、收看天气预报的同时，还可以通过自己的感官来定性地估计雷电来临与否。

◆ **仰望天空**：当天空中的浓密乌云（积雨云）开始堆积变大变黑、发展很快时，就有可能发生雷电。

◆ 倾听杂音：打开收音机收听广播时，如果听到刺耳的杂音，即表示附近可能有雷雨云内放电现象(不过，注意要与附近可能的电磁干扰区分开来)。

◆ 估计距离：判断雷电何时到达本地的最简单方法是，当看到闪电的一瞬间马上读秒，由于光速为每秒30万千米，与空气中的声速每秒340米相比有明显的差异，所以，在闪电与伴随的雷声之间，会有一定的时间差。如果看见闪电后和听见雷声的时间间隔为5秒钟，表示雷闪发生在离自己1.5千米左右的位置；如果是1秒钟，也就是一眨眼的时间就会听见雷声，说明雷闪位置就在附近300米左右。当遇到雷雨天气时，可以记住每次听到雷声与看见闪电的时间间隔是越来越长，还是越来越短，以此来判断雷雨是逐渐远离而去，还是越来越近，从而采取一定的防范措施。

◆ 自我感觉：当你感觉到自己的头发竖起或皮肤有异样感觉时，那很可能就将受到雷击，此时，要立即采取措施，进行自我保护。

3 防雷基本技术

雷电会导致多种不同形式的危害,没有任何一种单一的技术措施可以有效防止雷电的危害,防雷装置的设计应从多方面给予足够的重视,并综合考虑。雷电防护是一项系统工程。有效的防雷装置应包括两大部分:

(1)外部防雷装置,由接闪器、引下线、接地装置组成;

(2)内部防雷装置,由等电位连接、共用接地等要素组成。

另外,在建筑物内电气系统和电子系统需要防雷时,还应考虑采取屏蔽和电气、电子系统的等电位连接(含功能性等电位连

3 防雷基本技术

接)、SPD(电涌保护器)保护、合理布线等措施。以上这些部分是相辅相成的。

外部防雷装置能起到拦截闪电,并将大部分雷电流引入大地中泄放的作用。

阻止闪电电磁感应的有效手段之一就是屏蔽,比如将建筑物墙体中的钢筋以及金属门窗等,通通连起来,形成"笼"状,当达到一定密度时就可以将大部分雷电电磁场挡在"笼"之外了。

防御闪电电涌侵入的办法之一是在进户的各种线缆上加装相应的电涌保护器(俗称低压避雷器、信号避雷器),它可以在极短的时间内作出反应,将闪电电涌带来的雷电流送入大地,从而保护设备的正常工作。

防御雷电反击最有效的办法之一是作等电位连接:将房屋的

钢筋、门窗的金属部分、金属管道、设备的金属外壳和所有平时不带电的金属物体，通通就近接到同一接地装置上，使它们成为等电位体。

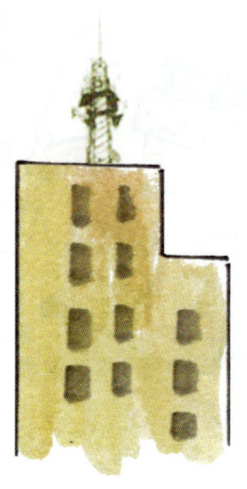

4 个人防雷常识

4.1 个人防雷基本原则

遇到雷雨天气时，千万不要惊慌失措。一般来说，应掌握两条原则：一是要远离可能遭雷击的物体和场所，二是在室外时设法使自己及随身携带的物品不要成为雷击的"爱物"，按照防雷避险六字诀，就可能避免遭受雷击的伤害。防雷避险六字诀为：

一是"学"。要学习有关雷电及其防护知识。

二是"听"。通过多种渠道，如电视、广播、报纸、"12121"电话、手机短信、移动终端、网络等，及时收听、收看各级气象部门发布的雷电预报预警信息，不可听信谣传。

三是"察"。密切注意观察天气的变化情况，一旦发现某种异常的现象，要立即采取防雷避险措施。

四是"断"。在防雷救灾中，首先要切断可能导致二次灾害的电、煤气、水等灾源。

五是"救"。利用已经学过的一些救助知识，组织大家自救和互救，尤其对受雷击严重者要及时进行抢救。

六是"保"。除了个人保护外，还应利用社会防灾保险，以减少个人和单位的经济损失。

4.2 户外防雷须知

◆ 在雷雨季节,注意收听、收看天气预报,做好雷电防范。

◆ 雷电发生时,如果必须外出,交通工具最好使用汽车,汽车内是躲避雷击的理想地方。

◆ 雷电发生时,不要使用有金属尖端的雨伞,不要肩扛金属工具。

雷电防护知识读本

◆ 雷电发生时,不要在田间劳动,不要在空旷地方活动(踢球、奔跑等)。

◆ 雷电发生时不要游泳、划船和垂钓。

◆ 雷电发生时,不要在大树下、烟囱旁、高大广告牌边避雨。

4 个人防雷常识

◆ 雷电发生时不要在空旷水边、山坡孤立的小屋、工棚、凉亭里避雨。

◆ 强雷暴发生时,若你在空旷开阔地,最好停止行走,找一个相对低洼处蹲下,双脚并拢,手放膝上,身体向前屈,临时躲避。

◆ 雷电发生时,不要站在山顶上。

◆ 雷电发生时，应迅速躲入有防雷装置保护的建筑物内，或者很深的山洞里面。

◆ 雷电发生时，不宜开摩托车、骑自行车赶路，打雷时切忌狂奔。

◆ 万一不幸有人受到雷击，同行者要及时报警求救，同时为伤员或假死者做人工呼吸和胸外心脏按压。

4.3 室内防雷要领

◆ 购买新房时,应注意房屋是否有防雷设施,查看防雷工程安全检测报告。

◆ 雷雨前应关闭门窗,防止雷电的入侵。

◆ 雷雨天要远离各种线缆和金属管道,不要上网、打电话、看电视,尽可能切断家用电器的电源。

◆ 雷电发生时,应远离门窗,不要靠近墙壁,不要使用淋浴设备,尤其不能用太阳能热水器洗澡。

◆ 电脑及家用电器最好靠内墙安放。

5
电气和电子设备防雷要点

5.1 建筑物防雷措施

随着现代化建设迅速发展和信息技术时代的到来，高层建筑的不断涌现和电气设备、电子设备的大量使用，雷电构成的威胁也日趋严重。

防雷措施

◆ 采用综合防雷技术，将防雷工程作为系统工程进行规范设计、认真施工、严格验收、经常维护、定期检测，确保防雷装置安全有效。

◆ 定期检测是防雷装置后期维护的必要措施，每年至少应该在雷雨季节到来之前，由具备相应防雷装置检测资质的单位或机构对防雷装置进行一次全面检测，并对防雷装置的安全性能作出评估，以供使用单位制定相应的雷电灾害应急预案。

◆ 单位应设立防范雷电灾害责任人，负责防雷安全工作，建立各项防雷装置的定期检测、雷雨后的检查和日常的维护等制度。雷雨过后，如发现防雷装置损坏时应及时维修或更换。

◆ 建设单位在防雷装置的设计和建设时,应根据地理、地质、土壤、气象、环境、被保护物的特点、雷电活动规律等因素综合考虑,采用安全可靠、技术先进、经济合理的设计、施工方案。

◆ 应采用技术和质量均符合国家标准的防雷产品,不使用伪劣的防雷产品。

◆ 改、扩建建筑物或新增加设备时,应考虑对原有的防雷装置进行重新设计和建设,如:重新铺设计算机网络线、室外天线的移位或加高等都应该对原有的防雷装置进行重新设计和建设。

◆ 雷灾发生后应及时上报情况,以便勘查处理,避免再次发生雷击灾害。

5.2 电气、电子设备防雷措施

雷雨季节影响电器安全主要起因于闪电电磁场感应或闪电电涌侵入。对于一个家庭来说,闪电电涌侵入主要有供电线、电话线、有线电视或无线电视的馈线等途径。这些途径都与家用电器有直接的外部线路连接,当这些线路架空入室时则危害更为严重。

防雷措施

◆ 建筑物应按防雷设计规范装设防雷装置,如接闪器、引下线和接地装置等。

◆ 引入住宅的电源线、电话线、电视信号线均应屏蔽接地引入,比如室外天线的馈线靠近接闪器或引下线时,馈线应穿金属管或采用有金属屏蔽层的馈线,并将金属管或金属屏蔽层接地。

◆ 雷电发生前,最好将家用电器的插头拔下,不看电视、不开空调、不打有线电话。有室外天线的,在雷电前要拔下天线插头。

◆ 对于具体电器,建议如下。

有线电话:在通常的情况下,电话线的输入口有保护器防异常电压,但是,如果距电话线非常近的地方落雷,则可能会有很大的异常电压侵入,对电话机和人体造成危害。所以,在强雷雨天气,为了人身安全还是不打电话为好。

计算机:计算机机房及计算机系统除采取完善的屏蔽与接地措施

5 电气和电子设备防雷要点

外,还应在信号电缆终端设备的输入端装设信号电涌保护器,在总电源、机房配电柜和UPS(不间断电源)前端及设备插座安装电源电涌保护器。当然,打雷时最好不要使用计算机,拔下电源和网线插头。这是由于计算机使用的超大规模集成电路灵敏度非常高,即使在建筑物上安装了防雷装置,雷击所产生的电磁感应和静电感应,仍会形成雷击电磁脉冲,使电子设备受损。

太阳能热水器:应安装防雷装置。在打雷时,最好不要使用太阳能热水器。

电视机等家电:对于电视机、空调等家电,首先,要做好电气设备的接地。其次,建议使用具有防雷功能的插座。另外,家用电器最好靠内墙安放。

5.3 查一查您的住宅能否防雷

为确保你的安全,请在购买商品房时查看开发单位《防雷工程安全检测报告》。

每年雷雨季节前向物业管理公司询问房屋是否经过防雷检测。

检查配电箱是否有防雷接地端子和安装相应的电涌保护器。

6 雷击急救方法

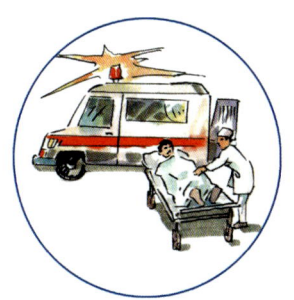

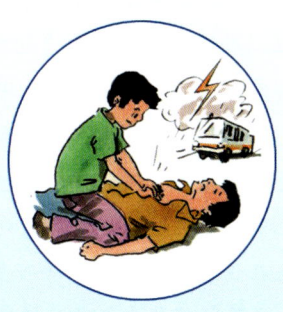

6.1　雷击对人体的伤害

雷击损害人体的生理效应大体有三种：一是强大的雷电流通过心脏时，受害者会出现血管痉挛、心搏停止，严重时会出现心室纤维性颤动，使心脏供血功能发生障碍或心脏停止跳动；二是当雷电流伤害大脑神经中枢时，使受害者停止呼吸；三是当强大的电流通过肌体时会造成电灼伤或肌肉闪电性麻痹，严重者导致死亡。

6.2　雷击电灼伤及其急救处理

雷击人体时的电流热效应可引起电灼伤。不过，电灼伤与一般烧伤不同，除造成肌体的烧伤外，尚有电休克，如神志丧失、头晕、恶心、心悸、耳鸣、乏力等现象出现，重者可发生呼吸、心跳骤停。还有雷击后较迟出现的白内障及神经系统的损伤等。

抢救原则

- 如果遭受雷击者衣服着火，可往身上泼水，或者用厚外衣、毯子将身体裹住以扑灭火焰。着火者切勿惊慌奔跑，可在地上翻滚以扑灭火焰，或趴在有水的洼地、池中熄灭火焰。
- 注意观察遭受雷击者有无意识丧失和呼吸、心跳骤停的现象，如有则先进行心肺复苏抢救，再处理电灼伤创面。
- 电灼伤创面的处理，用冷水冷却伤处，然后盖上敷料，例如，把清洁手帕盖在伤口上，再用干净布条包扎。若无敷料可用清洁床单、被单、衣服等将伤者包裹后转送医院。

6 雷击急救方法

● 原则上应将伤者转送到当地医院。如当地无条件治疗需要转送者，应掌握运送时机，要求伤者呼吸道通畅，无活动性出血，休克基本得到控制，转运途中要输液，并采取抗休克措施，且注意减少途中颠簸。

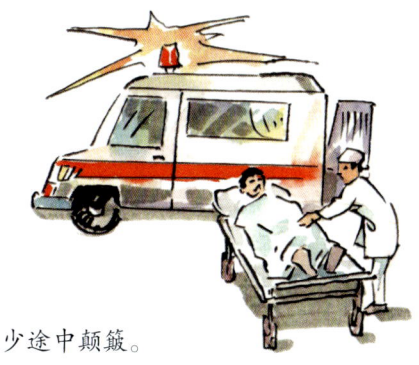

6.3 "假死"和人工呼吸

受伤者被雷击的电灼伤只是表面现象，最危险的是对心脏和呼吸系统的伤害。通常被雷击中的受伤者，常常会发生心脏突然停跳、呼吸突然停止的现象，这可能是一种雷击"假死"的现象。要立即组织现场抢救，将受伤者平躺在地，进行口对口的人工呼吸，同时要做胸外心脏按压。如果不及时抢救，受伤者就会因缺氧死亡。另外，要立即呼叫急救中心，由专业人员对受伤者进行有效的处置和抢救。

人工呼吸法有多种，以口对口(鼻)人工呼吸法最为简单且易掌握，效果也最好，同时还可以与胸外心脏挤压法配合进行。

口对口(鼻)人工呼吸法的操作步骤和要领

◆ 使触电人仰卧，迅速解开触电人的衣扣，松开紧身的内衣、腰带，头不要垫高，以利呼吸。

◆ 使触电人的头侧向一边，掰开触电人嘴巴(如果掰不开嘴巴，可用小木片或金属片撬开)，清除口腔中的痰液或血块等。

◆ 使触电人的头部尽量后仰、鼻孔朝上，下颚尖部与前胸部大体保持在一条水平线上，这样舌根才不会阻塞气道。

◆ 施救人员蹲跪在触电人头部左侧(或右侧)，一只手捏紧触电人的鼻孔，另一只手用姆指和食指掰开嘴巴，如实在掰不开嘴，可用口对鼻进行人工呼吸

法，捏紧嘴巴，可垫一层纱布或薄布，准备给鼻孔吹气。

◆ 施救人员深吸气后，紧贴触电人嘴巴吹气，吹气时要使触电人的胸部膨胀，对成年人每分钟大约吹气 14～16 次；给儿童吹气时，每分钟约吹气 18～24 次，不必捏鼻孔，让其自然漏气。

◆ 施救人员换气时，要放松触电人的嘴巴和鼻子，让其自动呼吸。

◆ 在做人工呼吸的过程中，若发现触电人有轻微的自然呼吸时，人工呼吸应与自然呼吸的节律相一致。当正常呼吸有好转时，可暂停人工呼吸数秒钟并密切观察。若正常呼吸仍不能完全恢复，应继续进行人工呼吸。

6 雷击急救方法

胸外心脏挤压法的操作步骤和要领

◆ 使触电人仰卧在坚实的地面或木板上，救护姿式与口对口人工呼吸法相同，使呼吸道畅通，以保证挤压效果。

◆ 施救人员蹲跪在触电人腰部一侧，或跨腰跪在腰部两侧，两手相叠。手掌根部要放在正确的压点上，即心窝稍高，两乳头间略低，胸骨下三分之一处。对触电儿童可用一只手操作。

◆ 施救人员两臂肘部伸直，掌根略带冲劲地用力垂直下压，压陷深度3～5厘米，压出心脏里的血液。成年人每秒钟压一次，太快或太慢都不好。对儿童用力要稍轻，以免损伤胸骨，每分钟挤压100次为宜。

◆ 挤压后掌根应迅速全部放松，让触电人胸廓自动复原，血又充满心脏，放松时掌根不必完全离开胸廓。

◆ 采用胸外心脏挤压法容易引起肋骨骨折，因此，压胸的位置和力的大小，都要十分注意。

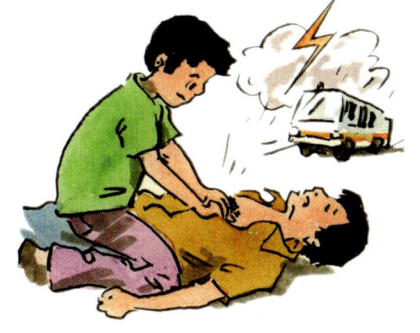

⚠ **注意事项**

● 挤压力要合适，切勿过猛。

● 挤压与放松时间大致相等。

● 保持气管通畅：取出口内异物，清除分泌物。

● 用手推前额使头部尽量后仰，同时另一手臂将颈部向上抬起。

6.4 "120"拨打方法

"120"电话是居民日常生活中寻求医疗急救的专用电话。

◆ 拨通"120"电话后,应再问一句:"请问是医疗救护中心吗?"以免打错电话。

◆ 说清需要急救者的住址或地点、年龄、性别和病情,以利于救护人员及时迅速地赶到急救现场,争取抢救时间。

◆ 说清自己的姓名和联系电话号码,以便救护人员与你保持联系。

6.5 雷击引起电器火灾怎么办

◆ 要立即切断电源。如果电器用具或插头仍在着火,千万不要用手去碰电器的开关。

◆ 无法切断电源时,应用干粉灭火器等专用灭火器灭火,不要用水灭火。

◆ 如果是电视机或计算机着火,应该在切断电源后,用湿毛毯、湿棉被等物品扑灭火焰。

◆ 迅速拨打"119"或"110"电话报警。

附录A
防雷相关法律法规及文件

A1：中华人民共和国气象法

（中华人民共和国主席令第23号，2000年1月1日起实施）
（摘录）

第三十一条 各级气象主管机构应当加强对雷电灾害防御工作的组织管理，并会同有关部门指导对可能遭受雷击的建筑物、构筑物和其他设施安装的雷电灾害防护装置的检测工作。

安装的雷电灾害防护装置应当符合国务院气象主管机构规定的使用要求。

第三十七条 违反本法规定，安装不符合使用要求的雷电灾害防护装置的，由有关气象主管机构责令改正，给予警告。使用不符合使用要求的雷电灾害防护装置给他人造成损失的，依法承担赔偿责任。

A2：防雷减灾管理办法

(中国气象局令第24号，2013年6月1日起施行)

(摘录)

第三条 防雷减灾工作，实行安全第一、预防为主、防治结合的原则。

第四条 国务院气象主管机构负责组织管理和指导全国防雷减灾工作。

地方各级气象主管机构在上级气象主管机构和本级人民政府的领导下，负责组织管理本行政区域内的防雷减灾工作。

国务院其他有关部门和地方各级人民政府其他有关部门应当按照职责做好本部门和本单位的防雷减灾工作，并接受同级气象主管机构的监督管理。

第五条 国家鼓励和支持防雷减灾的科学技术研究和开发，推广应用防雷科技研究成果，加强防雷标准化工作，提高防雷技术水平，开展防雷减灾科普宣传，增强全民防雷减灾意识。

第二十二条 防雷装置所有人或受托人应当指定专人负责，做好防雷装置的日常维护工作。发现防雷装置存在隐患时，应当及时采取措施进行处理。

第二十三条 已安装防雷装置的单位或者个人应当主动委托有相应资质的防雷装置检测机构进行定期检测，并接受当地气象主管机构和当地人民政府安全生产管理部门的管理和监督检查。

第二十五条 遭受雷电灾害的组织和个人,应当及时向当地气象主管机构报告,并协助当地气象主管机构对雷电灾害进行调查与鉴定。

A3：重庆市防御雷电灾害管理办法

(重庆市人民政府令第327号)

第一章 总 则

第一条 为了防御雷电灾害，保护人民生命财产安全，保障经济社会发展，根据《中华人民共和国气象法》《气象灾害防御条例》《重庆市气象灾害防御条例》和有关法律、法规和规章，结合本市实际，制定本办法。

第二条 在本市行政区域内，从事防御雷电灾害的活动，适用本办法。

第三条 防御雷电灾害工作遵循预防为主、防治结合的原则，坚持政府主导、属地管理、单位负责。

第四条 市、区县（自治县）人民政府应当加强对防御雷电灾害工作的组织领导，建立健全协调机制，督促各有关部门依法履行防御雷电灾害职责，将防御雷电灾害纳入公共安全监督管理范围，防御雷电灾害工作所需资金纳入本级财政预算。

乡（镇）人民政府、街道办事处应当协助上级人民政府、气象主管机构或者有关部门履行防御雷电灾害职责。

第五条 市、区县（自治县）气象主管机构应当加强对防御雷电灾害工作的组织管理，做好雷电监测、预报预警、雷电灾害调查鉴定、防雷科普宣传、雷电易发区域划分和职责范围内的防雷安全监管工作。

未设气象主管机构的区县（自治县）人民政府应当指定有关部门，在市气象主管机构指导下，做好前款规定的相关工作。

教育、科技、经济信息、住房城乡建设、城市管理、交通、水利、商务、文化旅游、卫生健康、应急、市场监管、通信等部门应当按照各自职责，做好有关防御雷电灾害工作。

第六条 市人民政府应当组织开展防御雷电灾害科学技术研究与开发，推广应用防御雷电灾害科技研究成果，加强防御雷电灾害工作的标准化建设。

第七条 市、区县（自治县）气象主管机构应当利用各类大众传播媒介向社会宣传普及防御雷电灾害知识，增强公众防御雷电灾害意识，提高应急避险、自救互救能力。

学校应当把防御雷电灾害知识纳入教育内容，培养和提高学生的雷电灾害防范意识和自救互救能力。教育、气象、科技等部门应当给予指导和监督。

鼓励法人和其他组织结合实际开展防御雷电灾害知识的科普宣传。

第二章 监测、预警与发布

第八条 市、区县（自治县）气象主管机构应当加强雷电监测和预报预警基础业务体系建设，提高雷电灾害监测预警和防雷减灾服务能力。

第九条 市、区县（自治县）人民政府应当组织气象等有关部门按照合理布局、信息共享、有效利用的原则，建立并完善雷电监测站网。

市、区县（自治县）气象主管机构所属气象台站应当按照职责开展雷电监测，及时发布雷电预报、预警信息。

第十条　广播、电视、报刊、网络等媒体和基础电信运营企业应当及时、准确、无偿将雷电预警信息向社会传播，对重大雷电天气的补充预警信息，有关媒体应当及时插播或者增播。

第十一条　市、区县（自治县）气象主管机构应当根据本行政区域雷电发生情况，划分本行政区域雷电灾害高风险区、较高风险区和一般风险区，并向社会公布。

第十二条　市气象主管机构应当统计分析本市雷电活动及灾害的发生情况，定期向社会发布雷电监测公报。

第三章　雷电防护装置安装与维护

第十三条　建（构）筑物、场所和设施应当按照国家有关技术标准和规定安装雷电防护装置。

新建、改建、扩建建设工程的雷电防护装置，应当与主体工程同时设计、同时施工、同时投入使用。

第十四条　雷电防护产品应当符合国家有关质量标准。禁止销售、安装、使用不合格的雷电防护产品。

第十五条　雷电防护装置设计应当符合国家有关技术标准，并适应雷电活动规律和防护需求。

第十六条　雷电防护装置施工应当符合设计要求，并根据施工进度，分阶段进行检测。

第十七条　已投入使用的雷电防护装置所有权人或者管理人应当承担雷电防护装置管理的主体责任，对雷电防护装置进行日常维护，委托具备相应雷电防护装置检测资质的单位进行定期检测,做好维护、检测、整改记录,保持安全防护性能良好。

雷电防护装置每年检测一次,其中易燃、易爆、危险场所的雷电防护装置,每半年检测一次。法律法规、技术标准有特殊规定的,从其规定。

第四章 防御雷电灾害重点单位管理

第十八条 下列单位应当列为防御雷电灾害重点单位：

（一）易燃易爆物品、危险化学品的生产、充装、储存、供应或者销售单位；

（二）学校、医院、机场、车站、码头以及大型体育场馆、露天演艺场所、游乐场所、会展场馆等人员密集场所的经营管理单位；

（三）电力、燃气、供水、通信、广电等电子设备密集且对国计民生有重大影响的企业事业单位；

（四）AAA级以上旅游景区、世界自然遗产地的经营管理单位，国家二级以上博物馆、全国重点文物保护单位；

（五）城市轨道交通以及悬索桥、斜拉桥等高耸结构类型桥梁的经营管理单位；

（六）大型生产、大型制造业单位或者大型劳动密集型企业；

（七）其他因雷击容易造成人员伤亡、较大财产损失或者发生安全事故的单位。

第十九条 防御雷电灾害重点单位应当承担防雷安全主体责任，加强防雷安全管理，建立各项防雷安全制度，落实防雷安全责任制，明确防雷安全管理机构或者人员，保障本单位防御雷电灾害工作所必需的经费，并加强监督考核。

第二十条 防御雷电灾害重点单位的主要负责人是本单位防雷安全第一责任人,对本单位防雷安全工作负总责。

防雷安全管理机构或者人员应当履行下列职责:

(一)制定防雷安全制度,督促落实防雷安全措施;

(二)组织开展防雷安全隐患排查与整治;

(三)组织开展防雷安全宣传、教育和培训。

第二十一条 防御雷电灾害重点单位应当制定完善雷电灾害应急预案,或者在单位综合应急预案中包含雷电灾害应急内容。

防御雷电灾害重点单位应当每年至少组织一次包含雷电灾害应急内容的演练,并做好记录和存档。

第五章 应急响应与处置

第二十二条 雷电天气时,有关单位根据实际情况,按照相应的防御指引或者标准规范,可以采取以下应急措施:

(一)发出警示信息;

(二)组织人员撤离、对留滞人员提供安全防雷避险场所;

(三)停止作业、切断危险源;

(四)停止营业、关闭相关区域;

(五)其他有效的应急措施。

第二十三条 雷电灾害发生后,市、区县(自治县)人民政府、有关部门应当立即采取措施,按相关程序启动应急响应,开展应急处置。

有关单位和个人应当配合雷电灾害应急处置工作,为应急处置提供便利条件。

第二十四条 遭受雷电灾害的单位和个人应当及时向当地气

象主管机构报告灾情，市、区县（自治县）气象主管机构接到雷电灾情报告后，应当组织人员开展雷电灾害调查和鉴定，并按相关规定及时报告同级人民政府和上级气象主管机构，通报同级应急管理部门。

有关单位和个人应当协助气象主管机构开展雷电灾害的调查和鉴定工作。

第六章 监督管理

第二十五条 市、区县（自治县）人民政府应当根据本行政区域防雷安全状况，组织有关部门按照职责分工加强对企业事业单位的防雷安全监督管理，对防御雷电灾害重点单位进行重点检查。

市、区县（自治县）气象主管机构和教育、经济信息、住房城乡建设、城市管理、交通、水利、商务、文化旅游、卫生健康、应急、通信等有关部门，应当按其职责将防雷安全纳入本行业、本领域的安全管理，对防御雷电灾害重点单位执行防雷法律法规、履行防雷安全责任、落实防雷安全管理制度、开展雷电防护装置检查检测以及隐患整改等情况进行指导和检查。

第二十六条 下列建设工程安装雷电防护装置，应当经区县（自治县）气象主管机构设计审核和竣工验收；未设气象主管机构的区县（自治县）由市气象主管机构负责防雷装置的设计审核和竣工验收工作；未经设计审核或者设计审核不合格的，不得施工；未经竣工验收或者竣工验收不合格的，不得交付使用：

（一）油库、气库、弹药库、化学品仓库和烟花爆竹、石化等易燃易爆建设工程和场所；

（二）雷电易发区内的矿区、旅游景点或者投入使用的建（构）筑物、设施等需要单独安装雷电防护装置的场所；

（三）雷电风险高且没有防雷标准规范、需要进行特殊论证的大型项目。

房屋建筑工程和市政基础设施工程雷电防护装置设计审核、竣工验收，整合纳入建筑工程施工图审查、竣工验收备案，由住房城乡建设部门监管。公路、水路、铁路、民航、水利、电力、核电、通信等专业建设工程防雷管理，由各专业部门负责。

第二十七条 从事雷电防护装置检测的单位应当按照《气象灾害防御条例》的规定取得资质证书，并在资质许可范围内从事雷电防护装置检测活动。禁止无资质承接雷电防护装置检测业务。

第二十八条 雷电防护装置检测单位开展检测活动应当执行国家有关标准，并对检测数据和检测报告的合法性、真实性和准确性负责。

雷电防护装置检测单位不得有下列行为：

（一）超出资质许可范围从事检测活动；

（二）伪造、涂改、出租、出借、挂靠使用、转让资质证书；

（三）伪造、篡改检测数据或者冒用签章，出具虚假检测报告；

（四）转包或者违法分包检测业务；

（五）使用不符合条件的检测人员；

（六）其他违反法律、法规的行为。

第二十九条 市气象主管机构应当建立雷电防护装置检测信息管理系统。

雷电防护装置检测单位应当对检测业务受理、检测数据采集、检测报告出具、检测档案管理等检测活动进行记录，并将相关检测信息录入雷电防护装置检测信息管理系统。

第三十条　市气象主管机构应当建立雷电防护装置检测单位信用管理制度和守信激励、失信惩戒机制，将雷电防护装置检测单位的检测活动和监督管理等信息纳入信用档案，并通过信用信息平台及时向社会公布。

第三十一条　雷电防护装置检测相关协会组织应当加强行业自律，规范行业行为，提高行业技术能力和服务水平。

第七章　法律责任

第三十二条　防御雷电灾害重点单位未建立防雷安全规章制度、未组织开展防雷安全隐患排查与整治的，由气象主管机构或者其他有关部门按照权限责令限期改正；逾期未改正的，可以处1000元以上1万元以下的罚款。

第三十三条　雷电防护装置检测单位在检测中有伪造、篡改检测数据或者冒用签章、出具虚假检测结论等弄虚作假行为的，由气象主管机构按照权限处5万元以上10万元以下的罚款，有违法所得的，没收违法所得；给他人造成损失的，依法承担赔偿责任。

第三十四条　雷电防护装置检测单位未按要求将相关检测信息录入雷电防护装置检测信息管理系统的，由气象主管机构责令限期改正，逾期未改正的，给予警告。

第三十五条　违反本办法规定，造成雷击火灾、爆炸、人员伤亡以及重大财产损失的，应当依法追究有关单位及其责任人员的责任；涉嫌犯罪的，依法移送司法机关处理。

第三十六条　国家工作人员在防御雷电灾害活动中违反本办法规定，玩忽职守、滥用职权的，由其主管部门或者有权机关给予政务处分；涉嫌犯罪的，依法移送司法机关处理。

第三十七条　违反本办法第十三条、第十七条、第二十六条、第二十七条、第二十八条规定的其他行为，法律法规有处罚规定的，从其规定。

第八章　附　则

第三十八条　本办法中下列用语的含义：

（一）雷电灾害是指由于直击雷、雷电感应、雷电波侵入、雷击电磁脉冲等造成的人员伤亡、财产损失。

（二）雷电防护装置是指接闪器、引下线、接地装置、电涌保护器及其连接导体等构成的，用以防御雷电灾害的设施或者系统。

第三十九条　本办法自公布之日起施行。《重庆市防御雷电灾害管理办法》（重庆市人民政府令第78号）同时废止。

重庆市人民政府
2019年7月18日

附录B
2008—2017年重庆市雷暴分布图

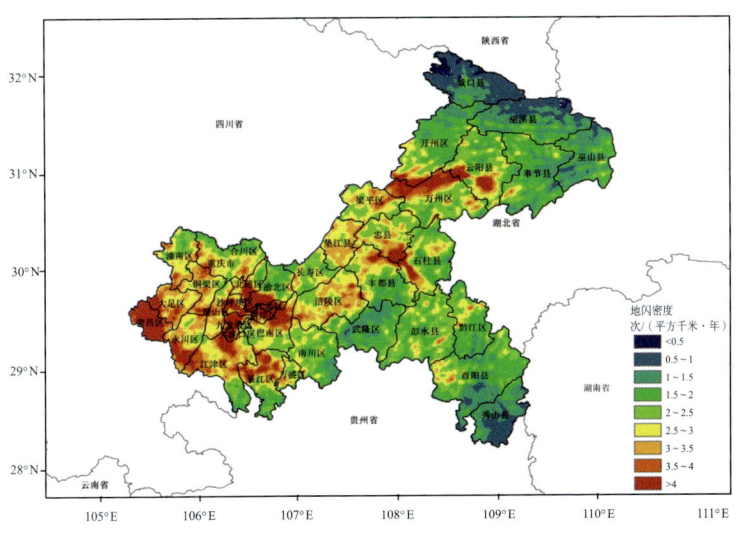

附录C
重庆市近年部分雷击灾害事故

重庆是全国雷电灾害损失最严重的地区之一，雷电灾害具有发生频次高、范围广、危害严重、社会影响大等特点，其主要原因：一方面是气候背景的特殊性、丘陵地带的地形抬升、下垫面水汽充分、空气中细微的带电粒子丰富，造成重庆地区雷电放电频率高、强度大；另一方面，重庆是西部大开发的重要战略支点，处于"一带一路"和长江经济带的联结点，正在努力实现"两地""两高"目标，高层建筑、易燃易爆场所、电子设备不断增加，使需要防护雷电灾害的对象不断增加。

◆ 雷击造成建（构）筑物的毁坏

◆ 雷击造成工业厂房的毁坏

◆ 雷击造成危化场所的毁坏

◆ 雷击造成电力设施的毁坏

◆ 雷击造成通信设施的毁坏

◆ 雷击造成森林的毁坏

◆ 雷击造成的人员伤亡

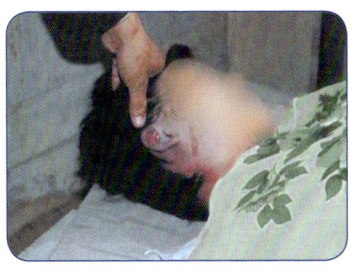 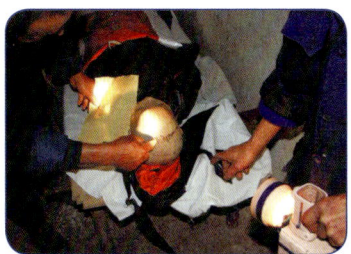

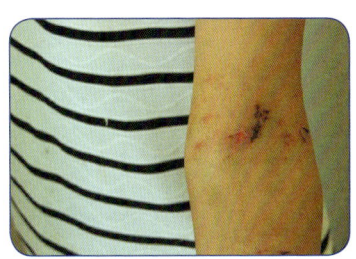 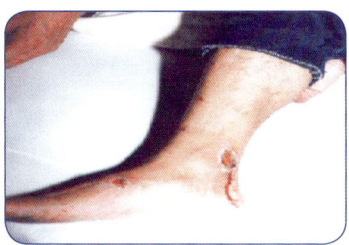